鹿児島大学島嶼研ブックレット

TOUSHOKEN BOOKLET

鹿児島県薩摩川内甑列島の自然と地質学的魅力

礼満ハフィーズ著
REHMAN Hafiz U.

●目次●

鹿児島県薩摩川内甑列島の自然と地質学的魅力

Nature and Geological Characteristics of Koshikishima Islands、Sasumasendai、Kagoshima Prefecture

REHMAN Hafiz U.

I　はじめに

甑島列島は鹿児島県薩摩川内市に属し、薩摩川内市およびいちき串木野市の西方に位置している、主に三つの島、北から南へ上甑島、中甑島、および下甑島とそれらの周辺の属島群（以降、甑島列島と呼ぶ）から構成されています（図1）。上甑島と中甑島は甑大明神橋（図2a）と鹿の子橋で繋がっており、中甑島と下甑島は令和二年は八月に開通した甑大橋（図2b）で繋がり、甑島の三つの島が一つに結ばれました。

甑島へアクセスは、薩摩川内市及びいちき串木野市から、それぞれ高速船甑島およびフェリー

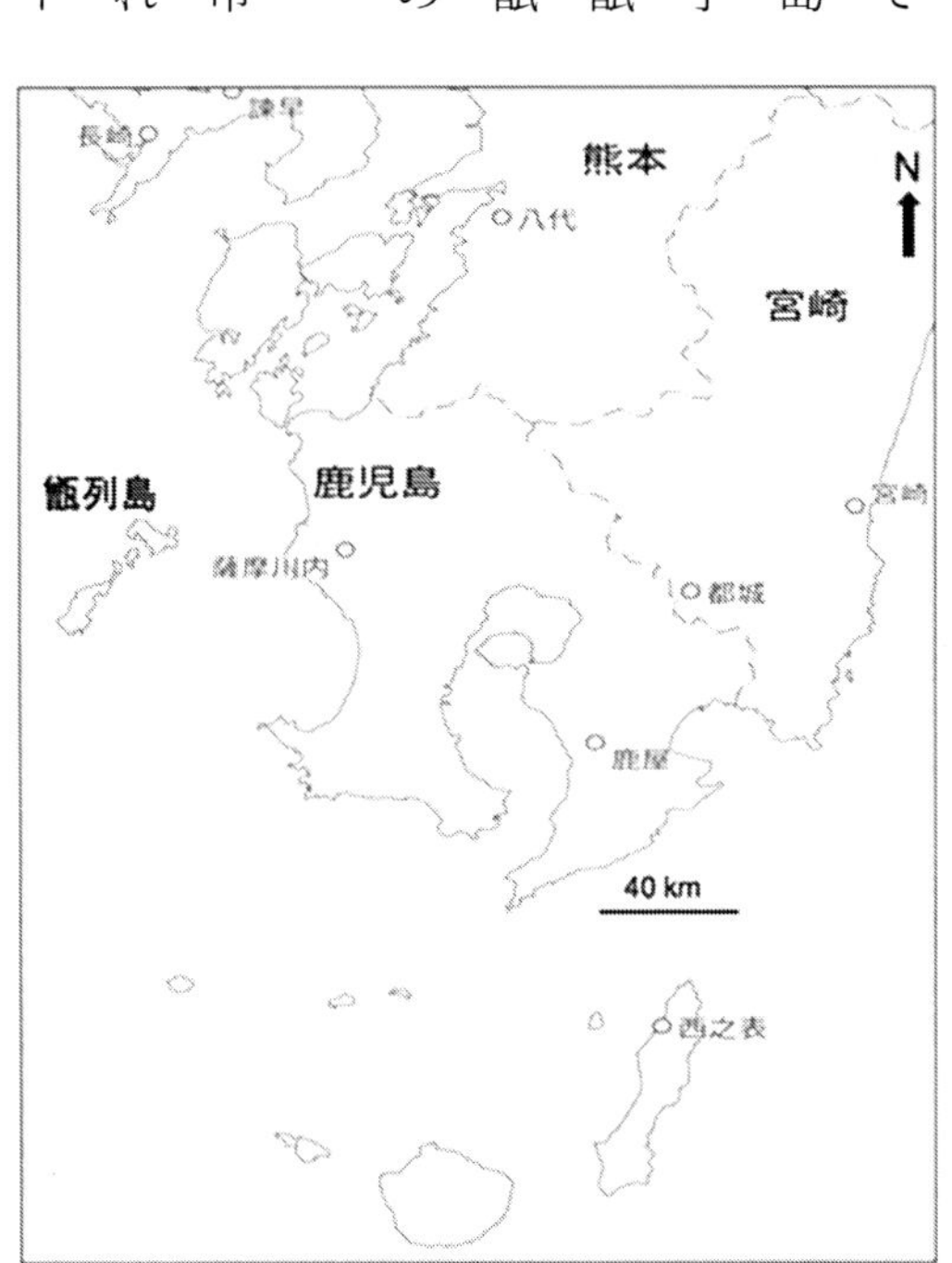

図1. 南九州、鹿児島県内の甑島列の位置

図 2. (a) 上甑、甑島台明神の先端部分、濃い色の風化した堆積岩とその真ん中に風化に強い火成岩の貫入岩の様子、
(b) 中甑島と下甑島の間に開通した甑大橋

ニューこしきを利用することです（図3ａ）。川内港から高速船は約四〇分、いちき串木野からフェリーは約七五分で甑島へわりと簡単にアクセスできます。

甑島は美しい自然、重要湿地、特に、甑島列島の国定公園として指定、海食崖及び砂州、潟湖群や自然性豊かな照葉樹林などの多様な海岸景観を含む多数の魅力を持っています。海産物としてブリ、キビナゴ漁などと、観光面ではナポレオン岩（図３ｂ）、鹿島断崖（図４ａ）や綺麗な海浜（図４ｂ）などです。しかし、多くの一般の方には甑島列島の優れた自然、地理的特徴や地質学的魅力はあまり馴染みがないようです。本書では、甑島列島で行なってきた地質調査及び甑島から採取した岩石試料の特徴や研究成果を初めに、列島の自然、島の成り立ちおよび地質学的・

図 3. (a) 鹿児島県と甑島例島を結ぶフェリーニューこしき（串木野～甑島間運行)、(b) 下甑島の西海岸線付近にある、横から見たナポレオン岩

図 4. (a) 甑島の国立公園に高い評価を受けた姫浦層群から構成された断崖上の断崖の景観、
(b) 甑島列島、長目の浜展望所から見た長浜ビーチの風景

岩石学的魅力を紹介し、甑島列島の自然風景や特徴を皆さんに届けたいです。甑島列島に行った際、上記に述べた特徴などの観点からも列島のことを理解し、甑島で過ごす時間を楽しんでもらえれば、何よりです。

Ⅱ　甑島列島の名前の由来

薩摩川内市役所のホームページに記載されている情報によると、甑島の名前の由来は「五色島：ごしきじま」と呼んでいたことが古くから伝えられています。江戸時代の「三国名勝図会」に、「上甑に東西へ潮の通ふ海門あり、串瀬戸といふ。そのうちに、甑形（米を蒸すせいろの形）の巨岩は、島民これを甑島大明神と称す。甑島の名はこれによりて得たりとぞ。」と記されています（薩摩川内　資料2）。

上記の資料による詳細説明では、「甑」の名が日本の歴史に記されたのは古く、「続日本紀：七九七年撰」の神護景雲三年（七六九年）十一月の条に「天皇（称徳天皇）臨軒、薩摩国小六位、甑隼人麻比古、授外従五位下」が最初にありましたと書かれています。「古事記」や日本書紀」によれば、南九州の隼人は海幸彦：火照尊の子孫で、弟神山幸彦：彦火火出見尊との争いに敗れたため、山幸彦の子孫の大和朝廷の宮門を警護することになったといわれています。八世紀半ばごろに、薩摩隼人・大隅隼人・阿多隼人などの小王と共に、甑隼人の小王麻比古も、この小さい島から、宮門警護のために少人数の兵士で奈良まで上がって勤番し、その功績により、他の隼人の小王らと叙位されました。さらに、甑島については、「続日本紀」の宝亀九年（七七八年）十一月の条の記載でも「倭妙類じゅ抄：和名抄：九三四年頃選」には、「甑島：古之木之万」と読み方などの記載の記録もあります。古書には「古敷島」「小敷島」「古志岐島」などの表示なども書かれおり、歌人は「沖津島」と読まれていたこともありました。

一方、鹿児島県から環境省へ甑島の国定公園の申請のために提出されてきた資料（環境省　資料2）では、甑島の呼称は「こしきしま」や「こしきじま」の両方の使い方があることも記載されています。平成二六年四月の高速船「甑島」の就航を機に、「こしきしま」で統一され、現在この呼び名が主に使われるようになりました。

Ⅲ　甑島列島の地理

甑島列島は、東経一二九度三九分～一三〇度〇分、北緯三一度三七分～三一度五三分に位置しており、薩摩川内市の西方約三〇km、いちき串木野市の西方約四〇kmに海から浮かんでいる上甑島、中甑島、及び下甑島と周りの属島群から構成されています（図5及び図6）。南北全長約三五kmと東西幅約十一kmに拡がる甑島列島は海抜〇mから海岸部から最高標高の六〇〇mの稜線部の照葉樹林の優れた自然を保有する列島です（環境省 資料1）。

甑島は薩摩川内市に平成一六年に合併

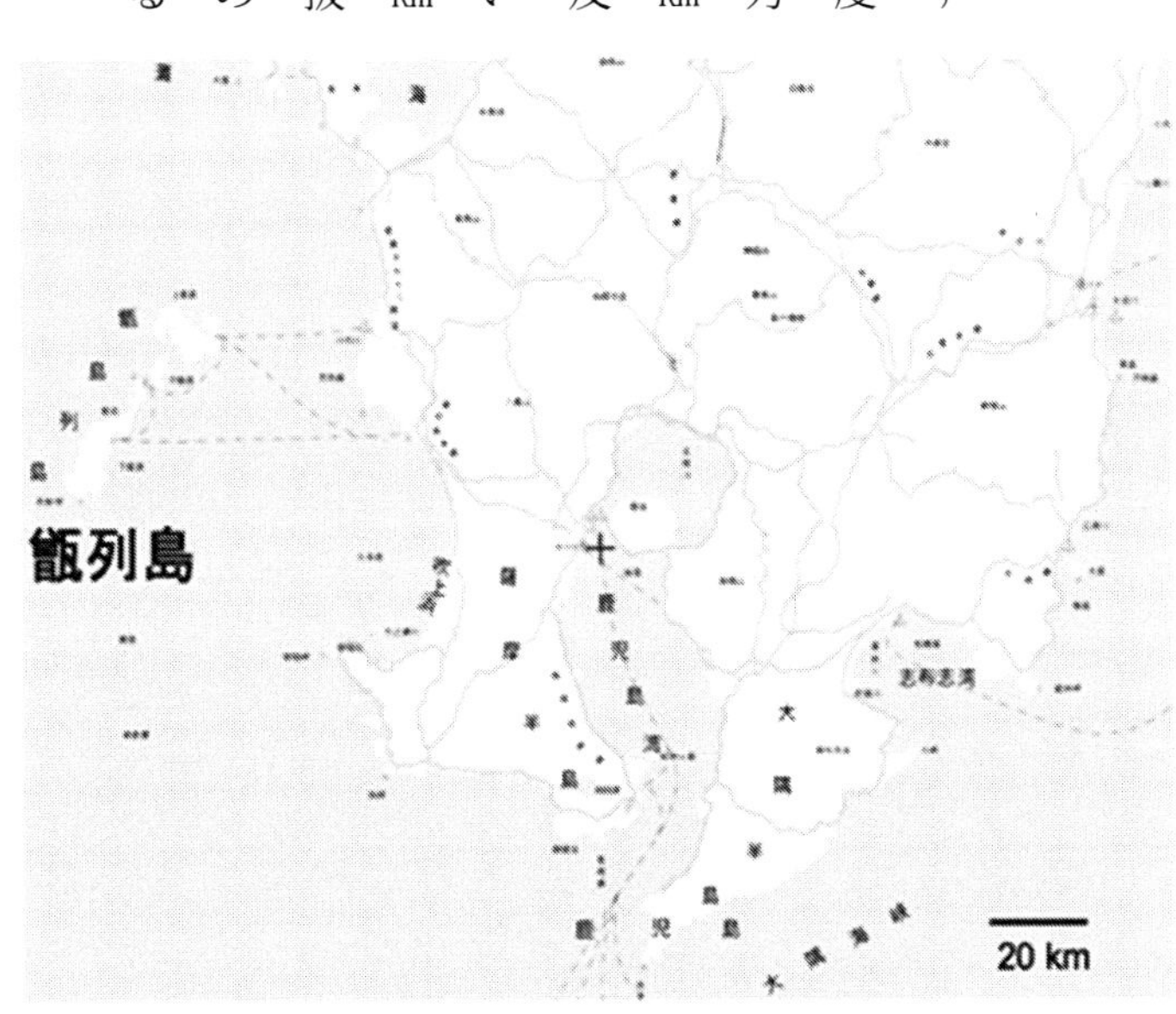

図5. 鹿児島県、薩摩川内市、甑島列島の位置

されていますが、列島の全体の面積は一一七・五六平方kmで、平成二七年度の国勢調査に基づいて、総人口は四七一九人（上甑島：二一七四人、中甑島：二二三四人、下甑島：二三二一人）で、一平方kmあたりの人口密度は上甑島には四九・二人、中甑島は三〇・八人と下甑島には三五・四四人となっております（鹿児島県 資料1）。それぞれの島の最高標高は上甑島では四二三mに達す遠目木山、中甑島では二九四mの木の口山と下甑島でもっとも標高の高い場所は六〇四mの尾岳です。また、甑島列島の陸域の一部（二四五九haを示す）が優れた自然保有地域（海岸景観、植物景観、海中景観などの総合した地域）として昭和五六

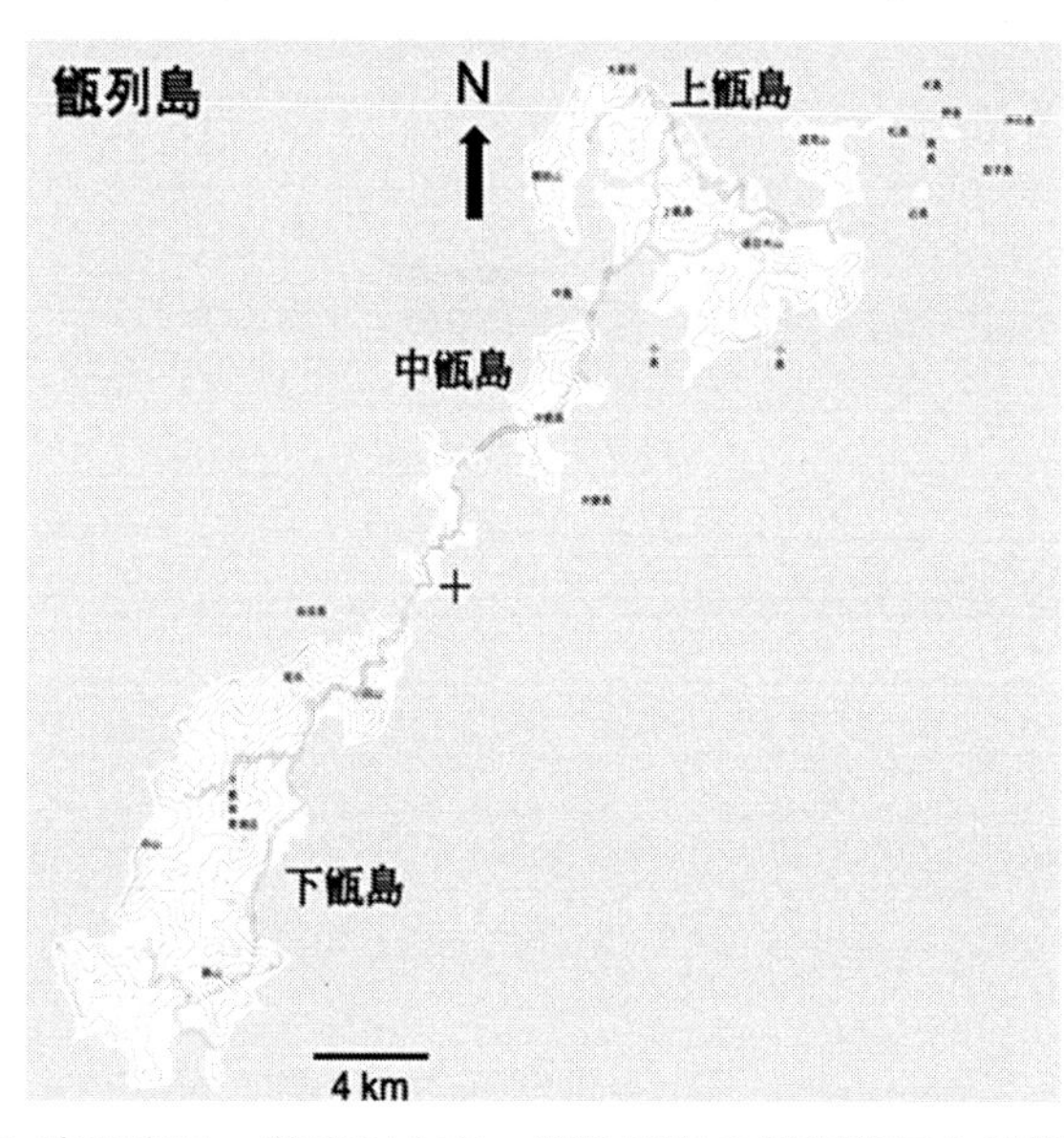

図 6. 鹿児島県、薩摩川内市、甑島列島の詳細地図と地理

年一〇月一日に鹿児島県自然公園条例に基づいて、甑島県立自然公園に指定されました。指定にするためには学術調査の結果を対象に、国定公園級の景観要件を備えていることなどから、平成一三年一二月に甑島周辺沿岸は日本の重要湿地五〇〇に選ばれ、平成二二年九月に上甑島の海鼠池および貝池がラムサール条約湿地潜在候補地に選定、自然環境保持地域としても高評価の対象となりました。さらに、平成二一年五月に鹿島断崖（図６）に見られる特異な地質構造「甑島の白亜紀-古第三紀層」として日本の地質百選に選定されたのに続き、平成二四年五月に「甑島の鹿の子断層」として日本の地質構造一〇〇選にも選定されました（環境省 資料３）。

上甑島および下甑島の西部と下甑島の南部の海岸線はとくに切り立った海食崖地形が目立っており一部の箇所には随所に高さ一〇〇～二〇〇mにもおよぶ断崖や奇岩の絶景を持つ美しい自然を保有し、地理的特徴を持つ列島の一つです。その断崖は約八〇〇〇万年前の上部白亜系堆積岩からなる姫浦層群から構成されており（表１）、断崖上の海岸風衝低木林や照葉樹林の山林の豊かな生息地と甑島列島特有の海岸景観を持つ特徴的な地域です。断崖の地層は、砂岩頁岩互層の美しい横縞模様（図７ａ）を表しており、素晴らしい自然風景を眺める場所の一つです。

そして、上甑島及び下甑島の東部や中甑島の海岸付近付で植生が発達しており、礫や砂の浜が目立つ、美しい自然風景を生み出している地域です（図７ｂ）。

表１　甑島列島にある地層および岩体の年代と層類

<table>
<tr><th colspan="2">地質時代</th><th colspan="2">地層区分</th><th>岩相</th></tr>
<tr><td>第四紀
2.58 Ma</td><td>完新世</td><td colspan="2">沖堆積層・
海浜堆積物</td><td>砂・礫　浅海</td></tr>
<tr><td>新第三紀</td><td>中新世
中期</td><td colspan="2">花崗岩閃緑・
石英脈岩</td><td>花崗閃緑岩・石英閃緑岩等</td></tr>
<tr><td rowspan="3">23.03 Ma
古第三紀
66.0 Ma</td><td rowspan="3">始新世？</td><td rowspan="3">上甑島層群</td><td>瀬上層</td><td>泥岩を主とする砂岩・泥岩</td></tr>
<tr><td>小島層</td><td>砂岩及び泥岩</td></tr>
<tr><td>中甑層</td><td>紫色泥岩・礫・砂岩・
泥岩および凝灰岩</td></tr>
<tr><td colspan="2" rowspan="7">白亜紀後期
100.5 Ma</td><td rowspan="7">姫浦層群</td><td>G 層</td><td>泥岩及び砂岩</td></tr>
<tr><td>F 層</td><td>砂岩及び泥岩</td></tr>
<tr><td>E 層</td><td>泥岩及び砂岩</td></tr>
<tr><td>D 層</td><td>泥岩及びシルト岩</td></tr>
<tr><td>C 層</td><td>シルト岩及び泥岩</td></tr>
<tr><td>B 層</td><td>砂岩</td></tr>
<tr><td>A 層</td><td>泥岩</td></tr>
<tr><td colspan="2">先白亜紀後期</td><td colspan="2">深成岩類・
変成岩類</td><td>角閃岩・片麻状石英閃緑岩</td></tr>
</table>

*** 1 Ma**　＝１００万年

上甑島北部には、礫が形成された約四km長の大規模な砂洲、長目の浜（図４ｂ）と海と隔てられた潟湖群が一連となる景観や砂洲上に形成されているウバメガシ群落や後背の照葉樹林からなる山林なども素晴らしい海岸景観を形成しています。海域周辺にサンゴ群集の発達により、魚たちの楽園になっています。

図 7 (a) 甑島列島に見られる、白亜紀時代の姫浦層群の様子、
(b) 下甑島にある、島住民と観光客で賑やかな手打ちビーチの様子

Ⅳ　甑島列島自然公園

日本では、三種類の自然公園として、

（1）国立公園、

（2）国定公園及び

（3）都道府県立公園が定められています。

国定公園は、国立公園に準ずる優れた自然の風景地で、環境大臣が関係都道府県の申出により指定するものです。そして、鹿児島県には、三つの国定公園が指定されており、（1）日南海岸および（2）奄美群島、とそれらに次いで三目の公園は甑島国定公園となっています（鹿児島県資料2）。甑島国定公園は平成二七年三月一六日に指定されました。全国では五七箇所目の国定公園となっております。鹿児島県、地域振興局の記載事項による、自然公園法に基づき国定公園に指定されるために複数の条件をクリアしてから、国定公園として指定登録されることになります。その条件には下記のいくつかの項目が含まれます。

1、優れた自然の風景地を保護すること、
2、その利用の増進を図ること、
3、国民の保健、
4、休養及び教化に資すると、
5、生物の多様性の確保に寄与すること

甑島国定公園（陸域：五四四七ha、海域：二五二八八ha）の指定の背景としては、甑島の区域の一部は、鹿児島県自然公園条例に基づき甑島県立自然公園、海岸景観、植物景観、海中景観などを総合する国定公園級の景観、日本の重要湿地五〇〇に選定、優れた景観を保有する地質構造の「甑島の白亜紀－古第三紀層」からなる断崖や海域を含む自然環境および自然資源などの高い評価に基づいて、平成二七年三月一六日に国定公園として指定されました（薩摩川内市　資料1）。環境省で記載されている情報では決定された公園計画は保護規制計画では特別保護地区、第一・二・三種特別地域、海域公園地区と利用施設計画の園地、野営場、車道および歩道が含まれています（図8）。

甑島列島の主な景観は海食崖、海食洞、岩礁、砂州と潟湖、リアス海岸、多種多様な化石、海岸植生、多島海、照葉樹林、湿地生態系、及びサンゴ群集として取り上げられます。また、海岸景観を構成する陸域、海岸景観と一体をなす森林地域、希少種の生息の植物の生育地と海岸景観と一体的に海域景観を維持する海域が公園区域を示しています。これらの特徴が高評価の対象となり、国定公園に至りました（薩摩川内市 資料2）。

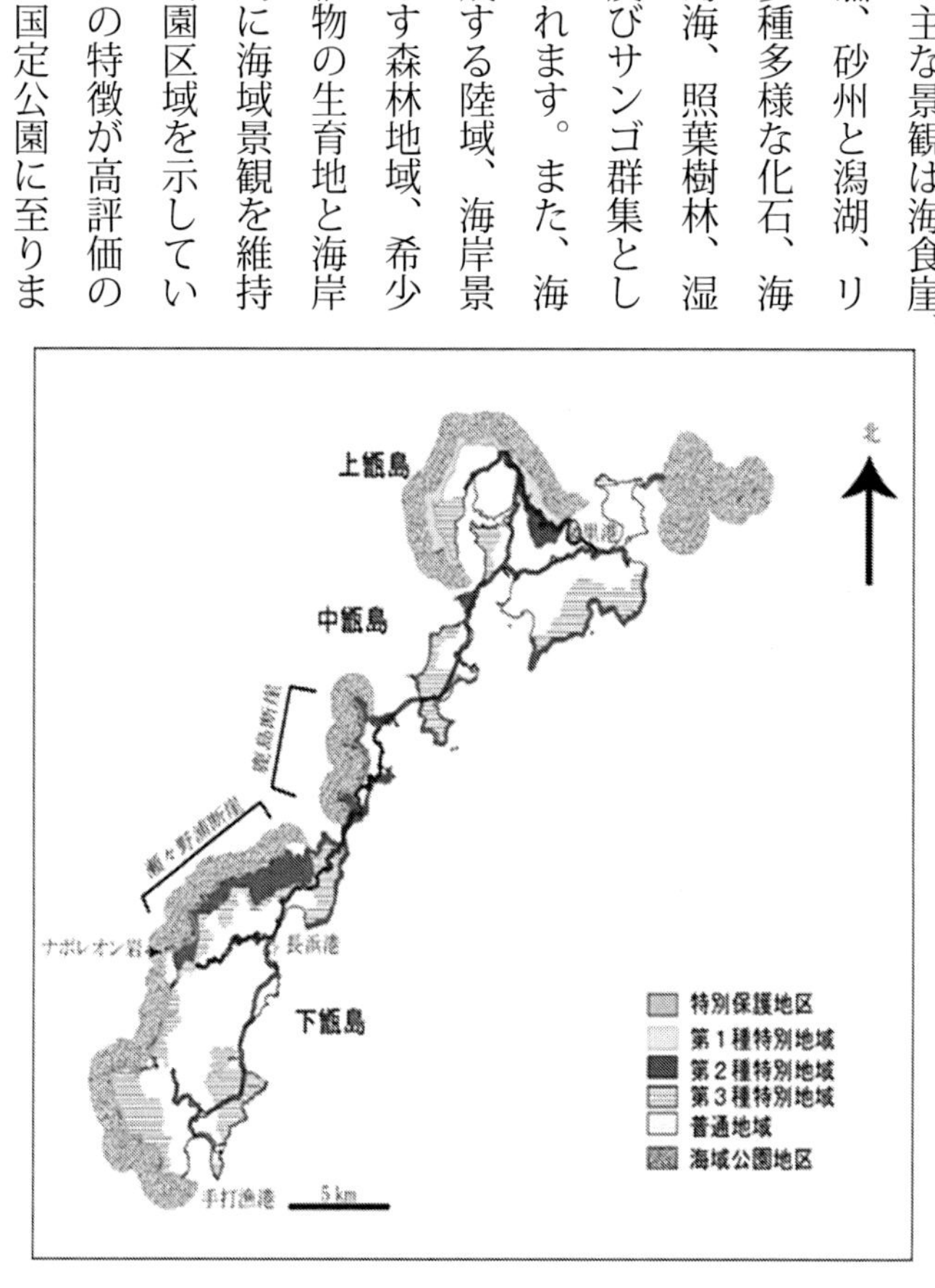

図 8. 甑島列島の国定公園（鹿児島県 _ 資料２より改変）、URL:http://www.pref.kagoshima.jp/am01/chiiki/hokusatsu/chiiki/koshiki-kokutei.html

V　甑島列島の地質学的特徴

上記に述べたように、甑島列島は海辺部から標高六〇〇ｍの山地と、主に三つの島及び周辺に複数の小島などからなっています（図６）。年代順の古い地層は約八〇〇〇万年前の白亜紀後期時代の堆積岩の姫浦層群が基盤となっており、その上に古第三紀の上甑層群の堆積岩類およびそれらに貫入している新第三紀の花崗閃緑岩類や石英脈岩からなっています（表１）。上甑島の北東にある双子島などには先白亜紀後期の変成岩なども存在し、地質学的や地質構造的には優れた地域の一つです。

産業技術総合研究所、地質調査相互センターの二〇万分の一の地質図幅「甑島および黒島」（利光他、2007）によると海底の地形の情報から甑島列島は、天草諸島から続く、北北東 - 南南西方向に延びている中央構造線の延長と考えられている、臼杵 - 八代構造線の北側位置しており、また、沖縄トラフの北端に位置しています。しかし、地質構造の延長の正確な位置、や沖縄トラフとの関係は不明で、甑島に産する花崗岩類の形成過程はまだ明らかにされていません。

上甑島及び中甑島は、主に上部白亜紀系、およびこれを不整合に覆う古第三紀の砂岩、泥岩、砂岩泥岩互層によって形成されています。一方、下甑島は堆積岩に加えて大規模な酸性火山岩類や花崗岩類によって標高約四〇〇～六〇〇ｍの山地を形成しており、多様な地質構造を持っています。

平成二五年二月に下甑島の姫浦層群の地層から、白亜紀後期の草食恐竜トリケラトプス類の歯の化石（図９ａ‐ｃ）、が発見されたことから、この地域はアジアで未だに明らかになっていない草食恐竜の生態史や進化史を知ることができるからきわめて貴重地域であると考えられます。さらに、海生化石のアンモナイト、二枚貝、ウニ、イノセラムス（図９ｄ）、カキ及び生痕化石等が、甑列島の至る所で見つかっており、まさに、中生代や古第三紀の地球の息吹を感じさせる地域の一つと言われています（環境省 資料２）。

姫浦層群の保存されている海生や非海生動物の化石（小松他 2014）、これらの堆積岩類の分布や、それに貫入している花崗岩類及び石英脈岩などについ地質学的説明は約一〇〇年前に報告され（伊木 1902）、以降もいくつかの研究成果の取り上げ、最近まで地質調査や化石の発掘などが進んでおり（Matsumoto 1954; Amano 1957; Miller et al 1962; 田代・野田 1972; 田中・寺岡 1973; 井上他 1982; Ishihara et al 1984; 新正他 2019; Shinjoe et al 2021; 中林 2021; 礼満他 2021）甑列島の地質はますます注目されてきています。

　甑列島の基盤となる、姫浦層群の延長は熊本県の天草地域まで続いており、岩相層序及び化石などからもとめた堆積環境、海生や非海生の化石や堆積年代などはおおよそ明らかになってきています。下甑島の花崗岩については、宮地・高井（1988）により、ジルコンフィショントラック年代で一四〇〇万年の報告と、以降にも上甑島及び下甑島に産する花崗岩類の形成年代が新第三紀として明らかになってきています（Shinjoe et al 2021; 中林 2021）。本書で

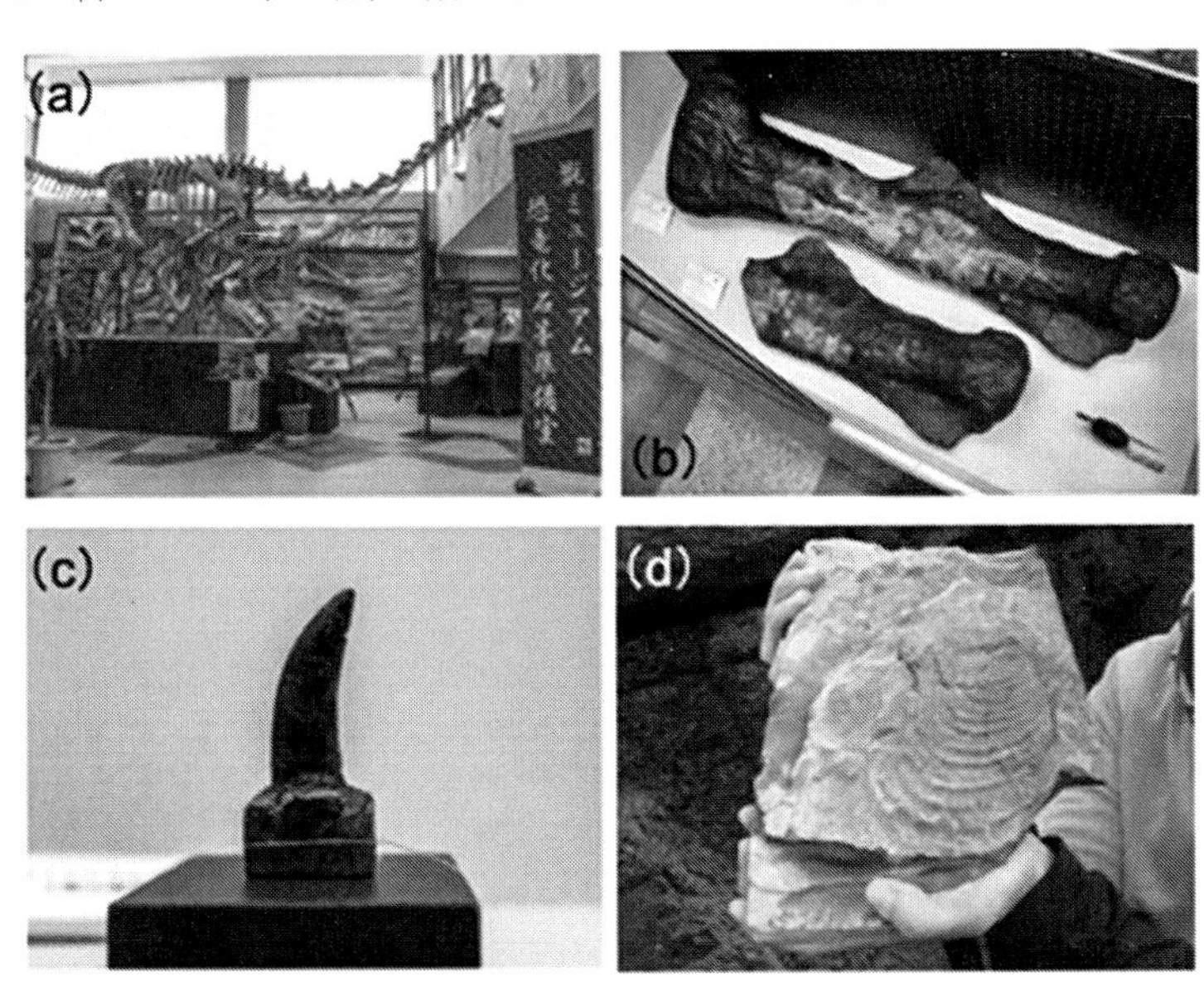

図 9. (a) 薩摩川内、甑島の博物館に展示中の大型恐竜，
(b) 甑島で発掘された大型恐竜の化石，
(c) 甑島で発掘された大型恐竜の歯の化石，
(d) 甑島で発掘されたイノセラモスの化石（写真提供 山下大輔、甑島の博物館）

は、国際島嶼教育研究センターの甑島の研究プロジェクト及び中林（2021）の卒業研究で行った地質調査の結果や現地で観察した背景を主に、解説します。

地質調査総合センター発行の中甑地域の五万分の一図幅（井上他 1982）では、基盤岩から第四紀の堆積層までの層序などが詳細に報告されており、姫浦層群はA - 層～G - 層に区分されてきました（表1）。また、加納他（1989）が、甑島列島の姫浦層群上部亜層群を下位から上位にU-I～IV 層に区分され、さらに、田中・寺岡（1973）や利光他（2004）及び小松他（2014）により詳細な地質調査が行われ、その結果、姫浦層群の層厚や堆積環境が推定されました。上記の著者らは姫浦層群からイノセラムス、二枚貝化石及びウミユリ化石などを産出したと報告してきました。

新第三紀の貫入岩類の花崗閃緑岩や脈岩は甑島列島の中心に分布しており（井上他 1982; 大庭 1990）（図10）、下甑島南部、上甑島北部及び東方の野島、双子島、沖の島に分布し、下甑島や上甑島に広く分布する姫浦層群や上甑島層群を貫き、基盤岩が、花崗岩の熱の影響でホルンフェルス化していることが現地でも確認できます。一部には石英閃緑岩が脈状として層群に入っています。

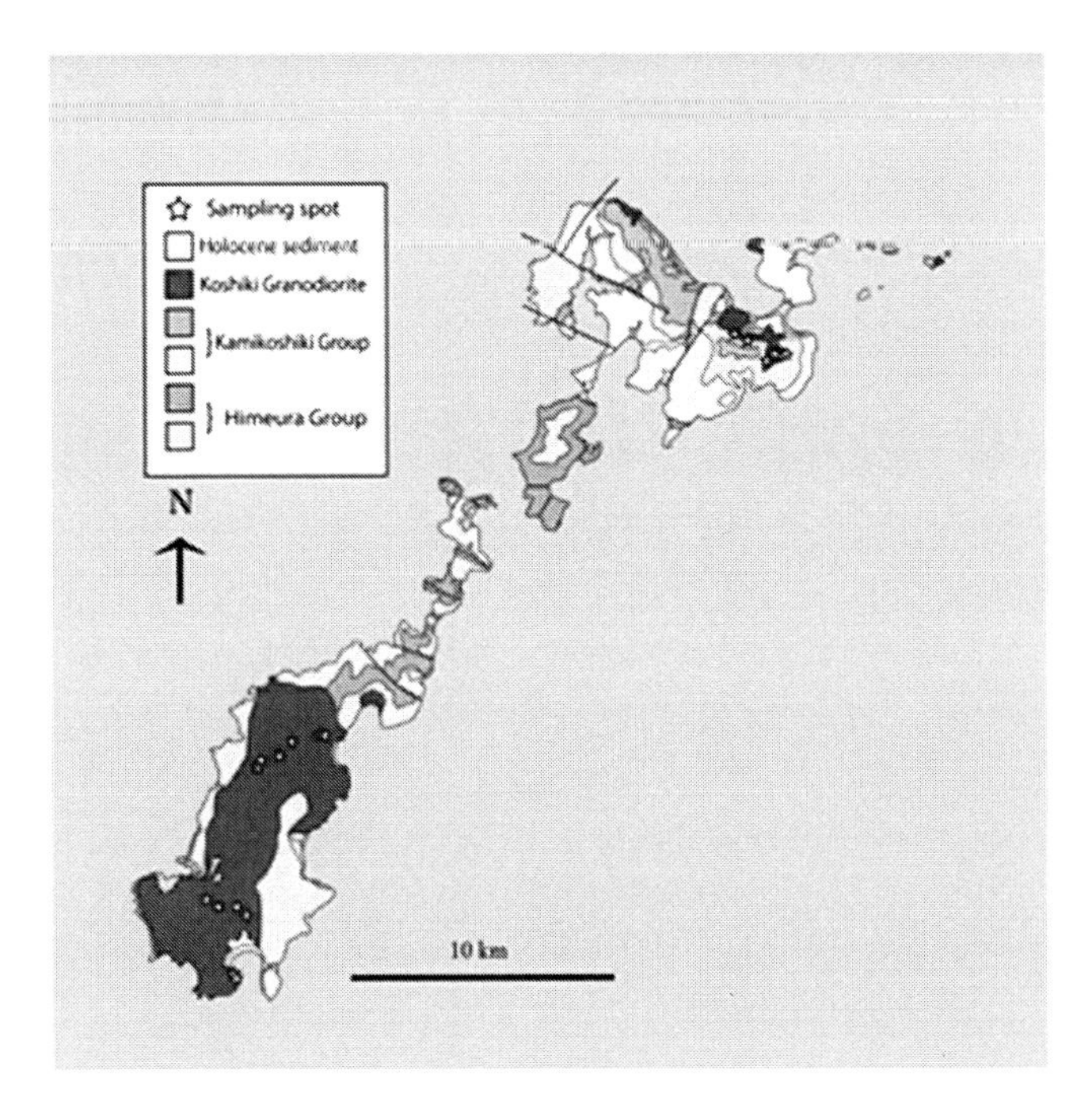

図 10. 甑島列島の地質図と主な岩石類。星マークは岩石試料の採取地点を表す。地質図は産総研地質調査総合センター（2022）20 万分の 1 日本シームレス地質図 V2、NH-52-13, 14、甑島及び黒島 / KOSHIKI JIMA AND KURO SHIMA、利光誠一・尾崎正紀・川辺禎久・川上俊介・駒澤正夫・山崎俊嗣 (2004) より改変

Ⅵ　甑島列島の地質調査と風景

鹿児島大学国際島嶼教育研究センターのプロジェクトの一環として、二〇一九年八月および二〇二〇年九月に二回に渡り、甑島列島で地質調査を行いました。現地で岩石・地層の様子の観察及び一部の地域から岩石試料を採取し、研究室で観察・研究を行いました。下記に野外調査で確認した露頭の様子と採取して来た岩石試料の詳細を示す。

a．花崗岩類の岩石学的特徴

現地で行った野外地質調査では、花崗閃緑岩は、露頭スケールから、優白色や灰色を特徴としており、一㎝程度の角閃石や黒雲母が肉眼でも確認できます（図11）。

また、手打浜東部では特徴的に火山岩性の捕獲岩（図12ａ、ｃ‐ｄ）、また、一部には堆積構造を残したオートリスも残っておりました（図12ｄ）。捕獲岩は下甑島の手打ち浜周辺で主に存在し、上甑島ではあまり見られませんでしたが、一部のところには二一三ｍ幅の砂岩質の脈状岩体が花崗岩を抜く構造があり、その中に円礫（数㎝～五〇㎝程度）が複数含まれていました（図

図 11. (a) 甑島の花崗岩、
(b) 玉ネギ状風化が見惚れる甑島の花崗岩、
(c) 野外調査で岩石のフレシューな面で観察及び岩石試料の採取、
(d) 甑島で採取した花崗岩の岩石試料

図 12. (a) 甑島列島 , 手打ちビーチ付近で見られる花崗岩に存在する捕獲岩、(b) 花崗岩に捕獲された黒色の捕獲岩とその周りに見られる白い輪郭、(c) 熱の影響でシリカに富む白い輪郭。横に伸びている捕獲岩とその周りに確認できる熱の影響を受けた白い縁部、(d) 層状構造を持つ捕獲岩

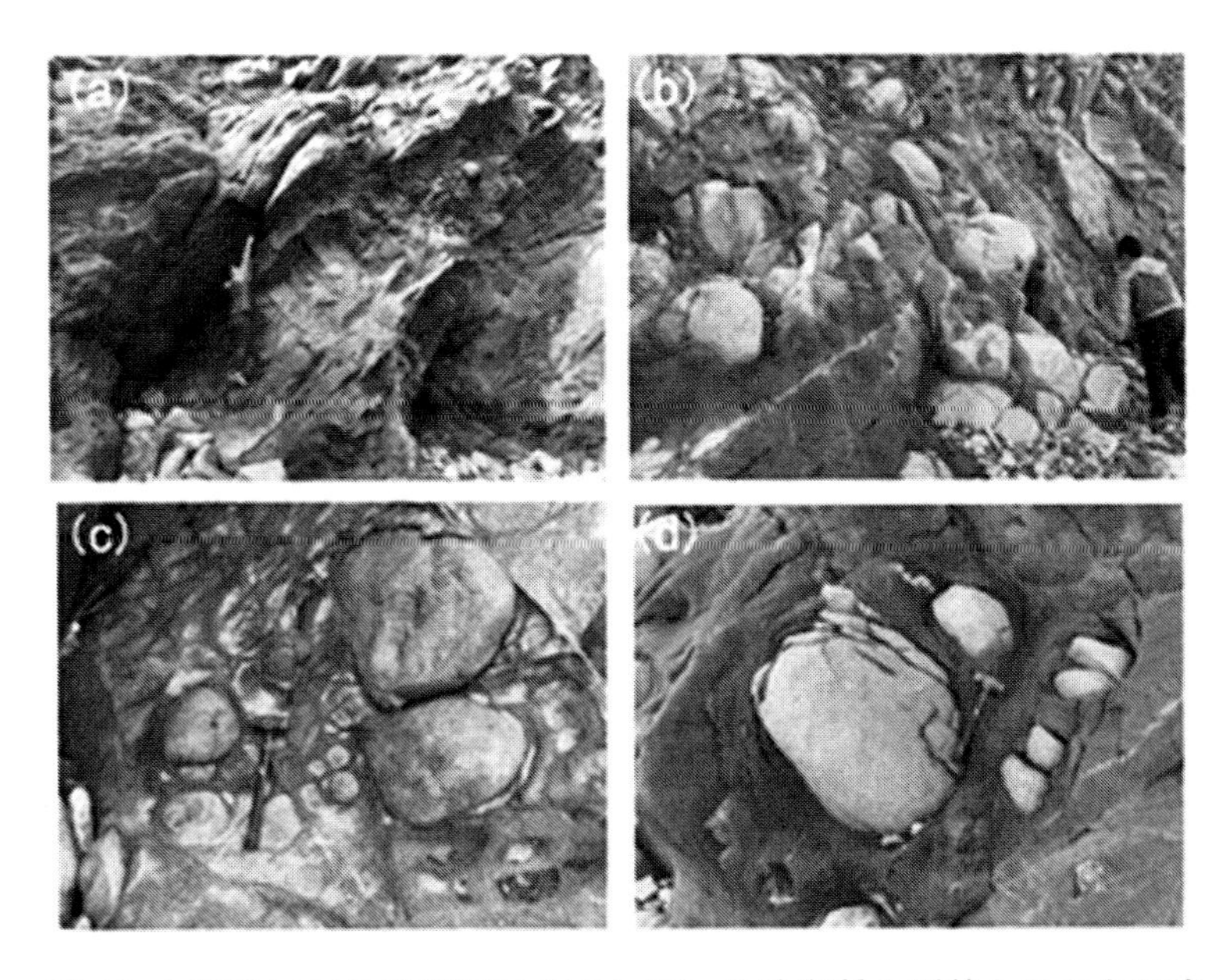

図 13. 上甑島にある花崗岩に含まれている砂岩質の脈状とそれらに含まれている円礫

13）。おそらくこれの脈状構造は花崗岩の形成よりも後にできたと考えられます。

下甑島で露出している花崗閃緑岩は比較的優白色の、粗粒状が豊富に含み、上甑島では灰白色〜青っぽい細粒の花崗閃緑岩から閃緑岩が露出しています。また、上甑島では岩脈も見られ、花崗岩と基盤岩の境界付近では花崗岩貫入による熱変成作用によってホルンフェルスも形成されています。

二回の現地地質調査で、五〇〇g〜一kg程度の、計八九

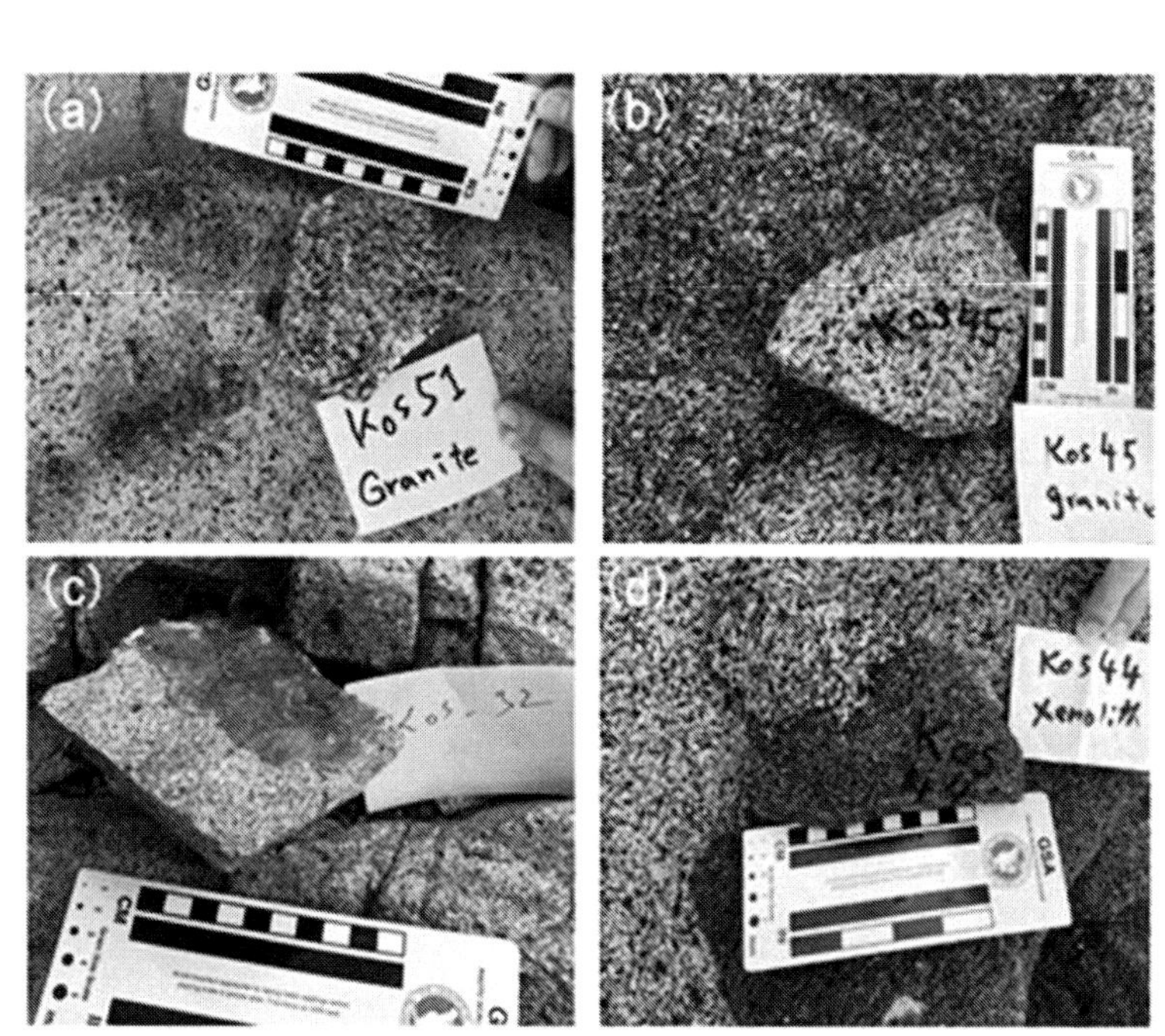

図 14. (a-b) 甑島列島で採取した花崗岩の試料、周辺のホルンフェルス（c)、と捕獲岩を含む花崗岩（d)

個の、岩石試料を採取し（図14）、採取してきた岩石試料の代表的な数をダイアモンドカッターで切断し、切断した試料から二〜三㎝長さと約一㎝厚さの正方形のチップ（図15）を作成し、チップの一面を研磨し、接着剤でプレパラトやスライドガラスに接着しました。さらに、スライドガラスに接着したチップを一〇〇度で一晩中加熱した後、二次切断機で一〜二㎜厚さで切断した後、プレパラプや研磨版を用いて、〇・〇三㎜の厚さまで薄くけずり、薄片に仕上げました（図15）。それぞれの薄片の顕微鏡観察を行い岩石記載が行いました。

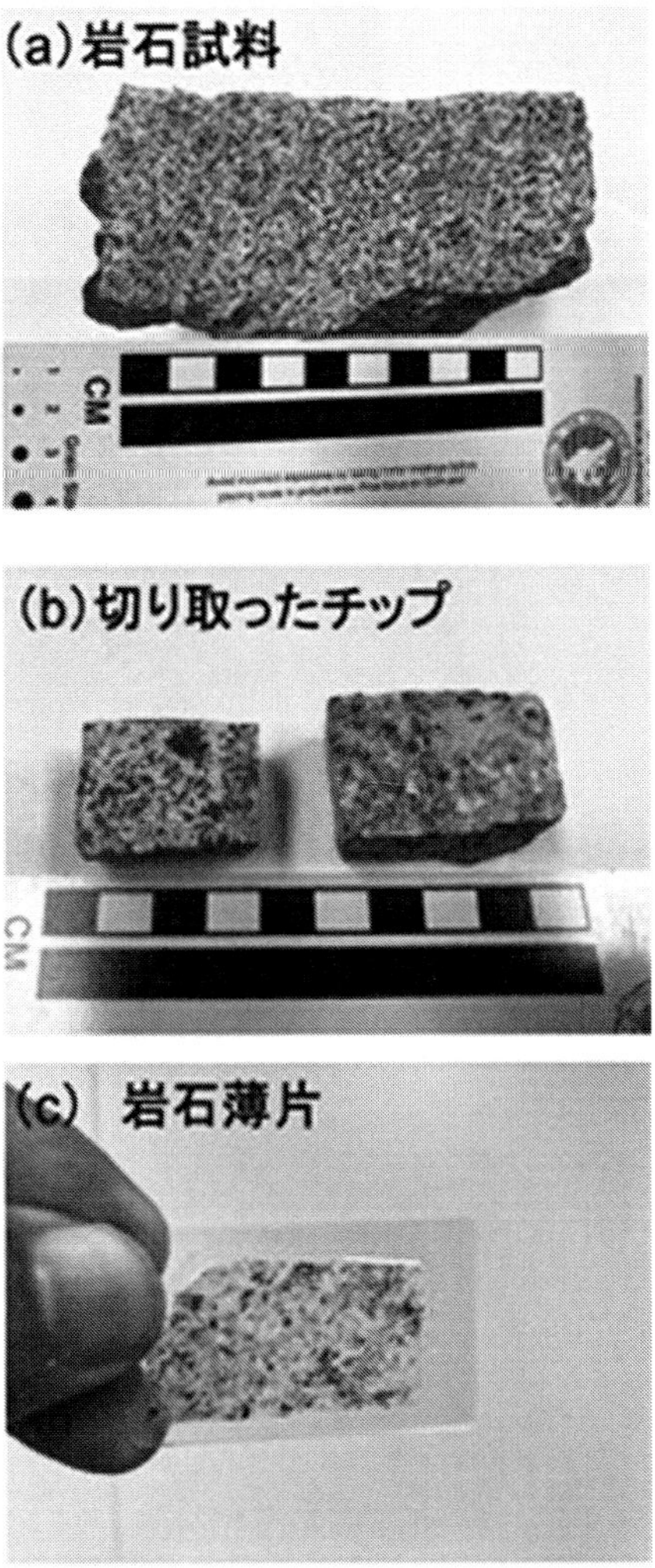

図 15. (a) 甑島列島で採取した花崗岩の試料、(b) 切り出したチップ、及び (c) 作成されてきた薄片

b．花崗岩類の岩石学的特徴

顕微鏡観察では、花崗岩類は主に斜長石、カリ長石、石英、黒雲母、角閃石から構成されており、副成分鉱物のジルコン、アパタイトやイルミナイトなどが含まれておりました（図16）。花崗岩の周りにあるホルンフェルスの試料は主に砂岩及び砂質泥眼からなっており、顕微鏡観察では、一部熱の影響で結晶化が進んでおり、火成岩と似た組織を持っていました。花崗岩に捕獲岩として存在する黒色の細粒状の部分も結晶化が進んでおり、花崗岩に取り込まれた時の熱の影響を受けたことが確認できます。

c．花崗岩類の化学組成とマグマの成因

甑島で採取した花崗岩類の一部の代表的な岩石試料を粉末にし、蛍光X線分析装置（XRF）を用いて全岩主要元素(SiO_2, TiO_2, Al_2O_3,FeO,MgO,MnO,CaO, Na_2O, K_2O)及び一部の微量元素(Sr, Rb, Zr, Nb, U, Pb, Th, Y, など）の組成分析を行いました。全岩組成分析は、岩石を細かく分類するためまたは岩石が形成されたマグマの特緒を読み解くための手法です。甑島の花崗岩全岩組成を K_2O vs. SiO_2 にプロットした結果、カルクアルカリシリーズ（calc-alkaline series）の花崗岩

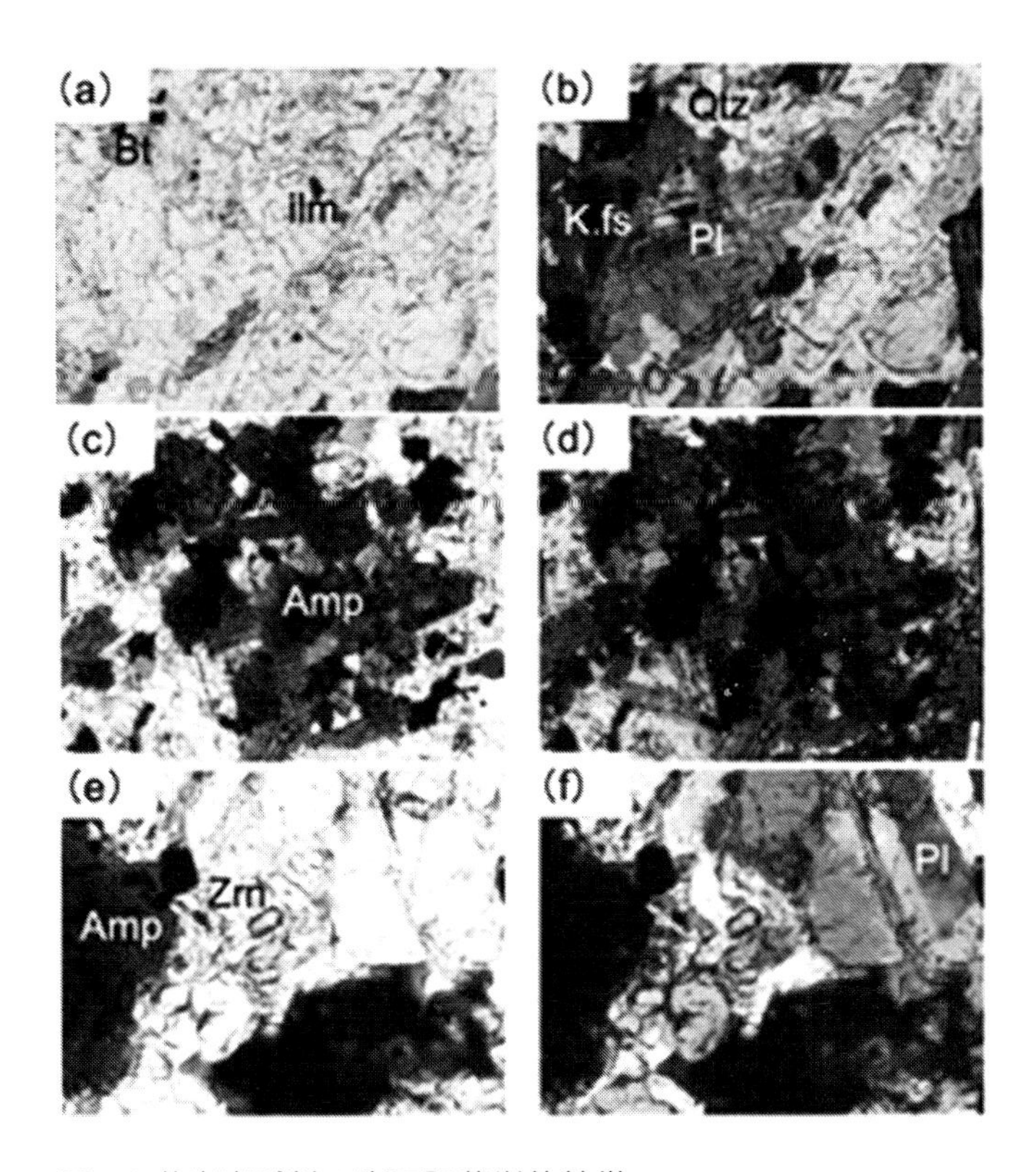

図 16. 花崗岩試料の岩石記載学的特徴。
(a、c、e) は顕微鏡の並行ポーラズで観察した様子，(b, d、f) は直行ポーラズ下観察した様子。略号は、Amp: 角閃石、Bt: 黒雲霧、ilm：イルミナイトやチタン鉄鋼、K.fs：カリ長石、Pl：斜長石、Qtz：石英、Zrn：ジルコン

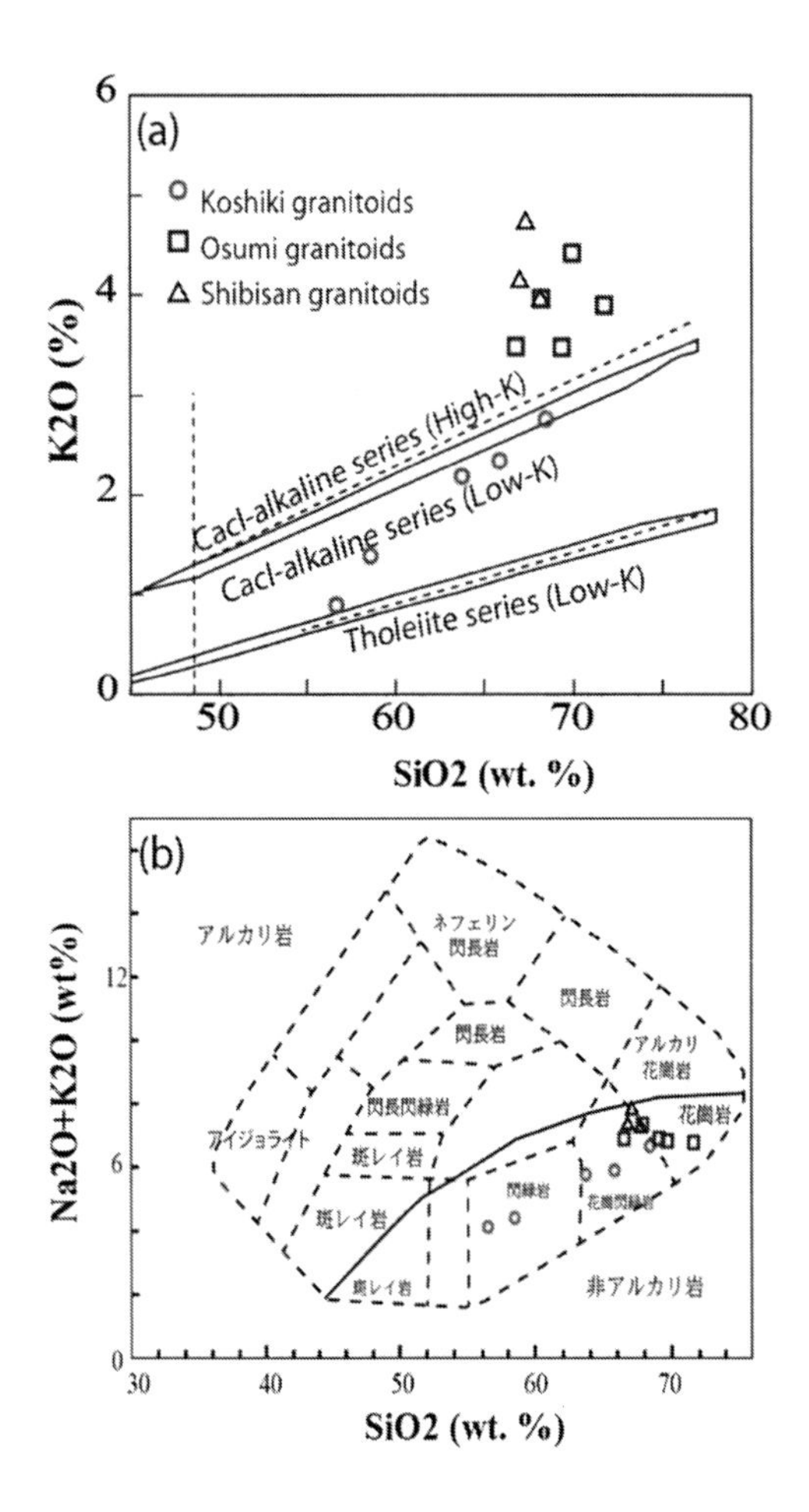

図 17. (a) 甑島列島の花崗岩類の SiO2 vs. K2O プロット。岩石試料は calc-alkaline series にプロットしており、鹿児島県、大隈及び紫尾山花崗岩類とは異なる特徴を表しています。
(b) 分析された花崗岩の試料を Total-Alkali-Silica ダイアグラムにプロットした結果、試料は花崗閃緑岩を示しており、大隅花崗岩はやや SiO2 に富む様子を表しています

類と識別され、鹿児島県に複数箇所に露出しているほかの花崗岩類（大隈花崗岩類や紫尾山花崗岩類）などよりもシリカおよびカリウムに乏しいという結果を示しました（図17ａ）。

また、全アルカリ（Na2O + K2O）vs SiO2 の全岩の化学組成の結果から甑島列島の花崗岩類は花崗閃緑岩と範囲にプロットされ（図17ｂ）、鹿児島県のほかの花崗岩類と異なる成因で形成されていると考えられます。

花崗岩類を形成するマグマは主にシリカに富み（SiO2 の量は67ｗｔ％以上）、地殻が熱の影響を受けて部分的に解けて、再結晶化の結果から出来た岩石種類は比較的に、地球内部の浅いところで形成し、隆起の結果地表面や海から浮かぶ島島々を形成します。一方で、マグマの成分にはFe 及び Mg の量がやや多いと地殻の成分にはマントル性質の岩石が存在していたか、マグマそのものが地殻のやや深い部分を溶かして、マグマを形成し、その後結晶化が進んだ後結果の花崗岩を作ったと考えられます。甑島の大部分も花崗岩類の組成はやや Fe-Mg の量が多いため、マントル性質の成分からできた花崗岩類を示唆すると考えられます。

d．花崗岩の形成年代

同じく、甑島で採取してきた花崗岩類及び捕獲岩やホルンフェルスの一部の試料を細かく砕

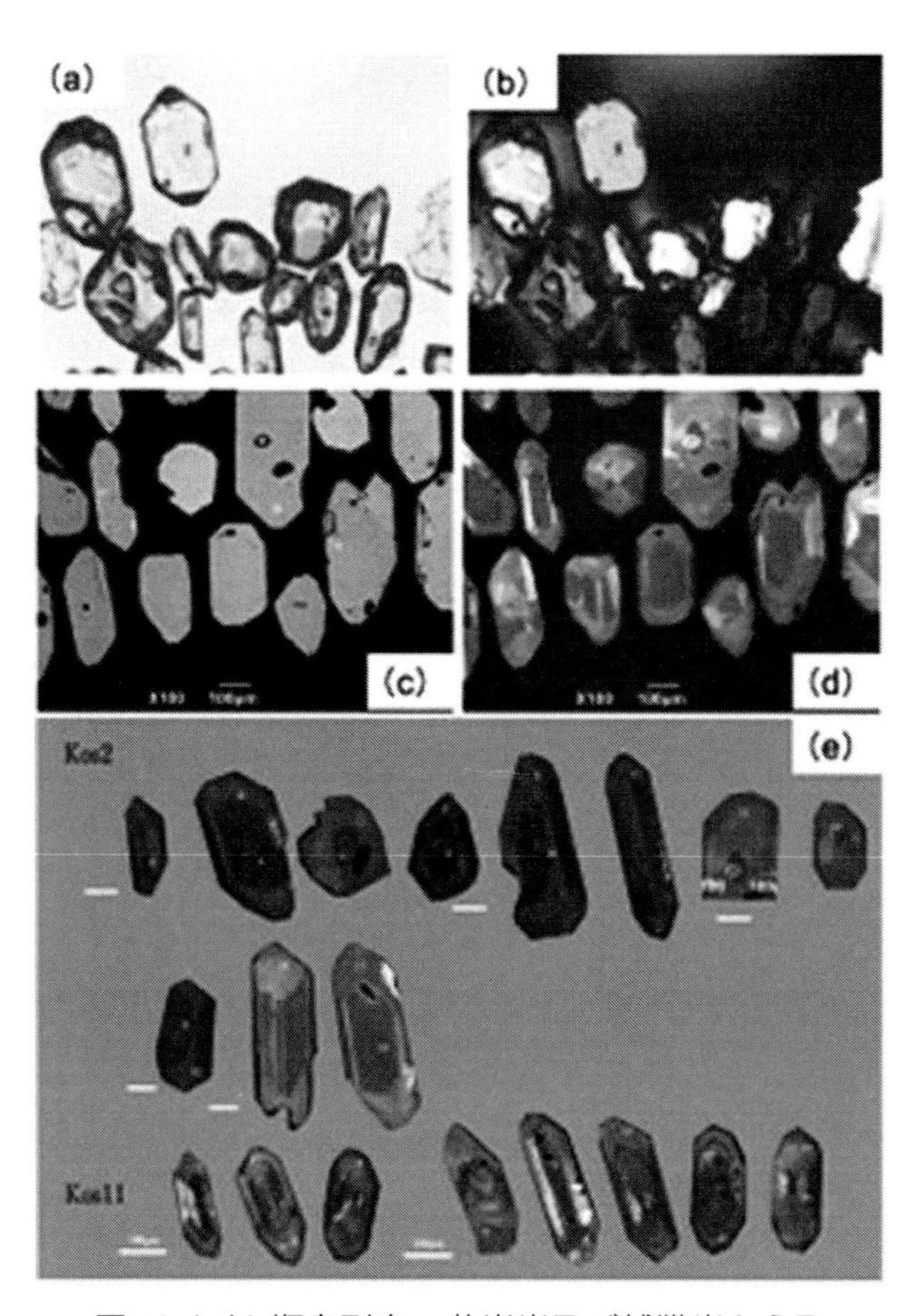

図 18. (a-b) 甑島列島の花崗岩及び捕獲岩から取り出したジルコンの顕微鏡下の様子、（c-d）ジルコンの電子顕微鏡観察で見える２次電子像および内部構造が見えるカソード像。赤丸年代測定を行った箇所

いた部分から、ジルコンという鉱物を数十粒から数百粒を分離し、樹脂に埋め、上の表面が樹脂から出ている状態まで研磨を行い、その後顕微鏡観察や電子顕微鏡でジルコンの内部構造の観察を行いました。ジルコンの内部構造は、マグマから成長した（火成岩由来）ものであればoscillatory zoning（累帯構造）を示す特徴がありますが、変成岩（熱及び圧力の影響を受けたもの）で成長・変形した粒などは不連続な構造やセクターzoningを持つ特徴を持って、実態顕微鏡や電子顕微鏡の観察などによる区別できます。甑島の花崗岩類の試料から分離したジルコン粒はほとんどがoscillatory zoningを示しており、マグマから結晶化したと説明できます（図18）。一方、捕獲岩やホルンフェルスから分離したジルコンはセクターzoningややや丸まった形を示しており（図17）、変成作用や砕屑性の粒だと考えられます。いくつかの岩石試から分離したジルコン粒のU-Pb放射年代測定を、レーザーアブレーション質量分析計（LA-ICP-MS）を使用し、分析を行いました。年代測定結果は表2に示しました。

甑島列島の花崗岩類は、U-Pb放射年代測定結果では九〇〇 - 一一〇〇万年前に甑島周辺でマグマ活動の結果からでき、鹿児島県の他の花崗岩、紫尾山花崗閃緑岩（一三〇〇万年）、大隅花崗岩（一五〇〇万年）より比較的若い年代を示しています（中林 2021）。ホルンフェルスから分離したジルコンは一四〇〇万年~八七〇〇万年までの幅広い年代値を示し（表2）、甑島の花

表２　甑島列島花崗岩類の形成年代

岩石類	年代	手法	引用先
花崗閃緑岩	1300 － 1500 万年前	ジルコン FT	宮地、高井 （1988）
花崗閃緑岩	1300 － 1500 万年前	全岩 K-Ar	Miller（1962）
花崗閃緑岩	985 － 1000 万年前	ジルコン U-Pb	Shinjoe et al （2021）
花崗閃緑岩	1003 － 1117 万年前	ジルコン U-Pb	（中林 2021）
ホルンフェルス	1400 － 8700 万年前	ジルコン U-Pb	（中林 2021）

崗岩の形成過程に伴う熱の影響を受けたことを最後に、白亜紀系の姫浦層群の堆積岩由来のものの元も古いた砕屑性のジルコンも含んでいたと解釈できます。

甑島の花崗岩類から Shinjoe et al（2021）もジルコンの U-Pb 年代および広域的のテクトニクス構造について議論し、甑島列島の花崗岩類の形成は一〇〇〇万年に起きた沖縄トラフの拡大に関連していると解釈しています。しかし、琉球弧背弧海盆の活動年代は二〇〇〇万年に起きた活動であり、甑島列島の花崗岩類を形成するマグマに直接関連は難しいといまだに疑問が続来ます。

e．甑島のテクトニクス的特徴

利光他（2004）が地質調査所（2000）の甑島周辺の海域で公表されている重力データに基づいて、海底地形下の密度構造や甑島列島の高重力異常域は花崗岩類や古第三紀以前の基盤と解釈しています。基盤岩と考えられる高密度岩体が浅部で分布しており、重力異常域は甑島列島のみではなく南東の海域に続いていることが利光他（2004）により説明されています。重力異常のデータから花崗岩類や古第三紀以前の基盤の分布が南東方向で海域に分布しているものと考えられます。また、利光他(2004)の解説のよると甑島列島の南東側と北西側は重力の急勾配で繋がっており、断層状の構造は想定されています。南西－北東方向の傾向を持つ重力異常は甑島及び周辺の島々の地形の高まりや基盤岩の隆起を周期的な関係をもって分布していると解釈しています。

Ⅶ　おわりに

今回行った地質調査で甑列島の地質学的研究が目的でしたが、優れた自然、国定公園や、美しい風景など、魅力に溢れた、調査になりました。本書を読んでいただいた後、皆さんも甑列島におとずれた際に、参考になれば、何よりです。また、甑島の自然を楽しむとともに、現地の美味しい食料品（伊勢海老やその他の新鮮な魚類）も味わい（図19）、島の魅力を感じて頂ければ幸いです。

図 19. 甑島、鹿島で民宿きくや及び近くのレストランで食べたおいしい海鮮料理

最後に、甑列島の地質調査を行うために鹿児島大学学長および国際島嶼教育研究センター長には、国際島嶼教育研究センターにおける「甑島列島総合調査」のプロジェクトから研究費を提供していただいたことに関しまして、また、甑島で調査に協力してくださった山下大輔さん（薩摩川内市役所　企画政策部）に大変お世話になりましたことに関しまして、熱く御礼を申し上げます。

Ⅷ 参考文献

Amano, M.（1957）Upper Cretaceous molluscan fossils from Shimo-koshikijima, Kyushu Kumamoto Journal of Science Series B´ Secion 1, Geology 2,49-74.

Ishihara, S., Shibata´ K., Terashima, S.（1984）K-Ar age and tectonic setting of Brannerite-mineralized Futagojima Granodiorite´ , Koshiki Islands, thern Kyushu. ning Geology 34, -50.

Matsumoto, .（1954）The Cretaceous System in the Japanese Islands° Japan Society for the Promotion of Science, okyo, 24p.

Miller, .A., Iata, Kawachi, Y.（1962）. Potassium argon ages of granitic rocks from the Outer Zone of Kyushu, Japan. 地質調査所月報 13, 712-714.

Shinjoe, H., Orihashi, Y., Niki, S., Sato, A., Sasaki, M., Sumii, T., Hirata, T.（2021）Zircon U-Pb ages of Miocene granitic rocks in the Koshikijima Islands: Implications for Neogene tectonics in the Kyushu region, southwest Japan, Island Arc 30, #1, e12383.

Tashiro, M.（1976）Bivalve faunas of the Cretaceous Himenoura Group in Kyushu.

Palaeontological Society of Japan Special papers 19゛ p.102.

伊木常誠（1902）二〇万分の一甑島地質図および同説書、地質調査所 .

井上英二・田中啓策・寺岡易司（1982）地域地質研究報告五万分の一地質図幅「中甑」, 地質調査所 , 103pp.

鹿児島県資料１, 甑島列島（こしきれっとうの概要（http://www.pref.kagoshima.jp/ac07/pr/shima/gaiyo/koshiki/ koshiki_top.html）, 最終アクセス二〇二二年一一月一〇日

鹿児島県資料２, 地域振興局 , 支庁 ,URL:http://www.pref.kagoshima.jp/am01/chiiki/hokusatsu/chiiki/koshiki-kokutei.html）、最終アクセス二〇二二年一一月一〇日

加納学・利光誠一・田代正之（1989）鹿児島甑島地域の姫浦層群の層序と堆積相 . 高知大学学術研究報告自然科学 38,157-185.

小松俊文・三宅優佳・真鍋真・平山廉・籔本美孝・對比地孝亘（2014）甑島列島に分布する上部白亜系姫浦層群の層序と化石および堆積環境 . 日本地質学会第 121 年学術大会（2014 年・鹿児島）巡検案内書、地質学雑誌 120, supplement 号 , S19-S39.

環境省 資料１URL:https://www.env.go.jp/content/900521808.pdf, 最終アクセス二〇二二年一一月一〇日

環境省 資料2URL: https://www.env.go.jp/content/900521802.pdf、最終アクセス二〇二二年一一月一〇日

環境省 資料3、URL: https://www.env.go.jp/press/18558.html)、最終アクセス二〇二二年一一月一〇日

薩摩川内市_資料1、URL:https://www.city.satsumasendai.lg.jp/www/contents/1423124565658/index.html、最終 アクセス二〇二二年一一月一〇日

薩摩川内市 資料2 経済シティセールス部観光物産課観光シティセールス URL: https://www.city.satsumasendai.lg.jp/www/contents/1423124565658/index.html、最終アクセス二〇二二年一一月一〇日

薩摩川内市 資料3, URL: https://www.city.satsumasendai.lg.jp/contents/1186033725484/index.html、最終アクセス二〇二二年一一月一〇日

環境省から引用 https://www.env.go.jp/press/100386.html

環境省報道発表資料の URL https://www.env.go.jp/press/index.php

環境省自然環境局国立公園課 https://www.city.satsumasendai.lg.jp/www/contents/1186033725484/index.html

斎藤眞・宮崎一博（2016）平成二八年（二〇一六年）熊本地震及び関連情報中央構造線に関す

る現在の知見—九州には中央構造線はない—、GSJ 地質ニュース 5、#6、175-178.

正裕尚・折橋裕二・仁木創太・平田岳史（2019）鹿児島県甑島の中新世花こう岩質岩のジルコン U-Pb 年代．第一二六年学術大会（2019 山口）要旨集、R-1-9.

田代正之・野田雅之（1972）九州のいわゆる姫浦層群の地質時代．地質学雑誌 79 巻，7 号，465-480.

田中啓策・寺岡易司（1973）鹿児島県甑島の上部白亜紀系姫浦層群，地調月報 24、，#4、157-184.

利光誠一・尾崎正紀・川辺禎久・川上俊介・駒澤正夫・山崎俊嗣（2004）二〇万分の一地質図幅「甑島及び黒島」地質調査総合センター（https://www.gsj.jp/data/200KGM/JPG/GSJ_MAP_G200_NH5213_2004_200dpi.jpg）.

中林真梨萌（2021）鹿児島地域における花崗岩類の成因．鹿児島大学理学部地球環境科卒論，1-78.

宮地六美・高井真夫（1988）九州の第三紀花崗岩類のフィッショントラック年代．九州大学教養部地学研究報告 26, 13.

礼満ハフィーズ・中林真梨萌、山下大輔（2021）鹿児島県薩摩川内市甑島列島に分布する花崗岩類の特徴及び形成成年代．鹿児島県地学会誌 117, 1-8.

	野田伸一　著
No. 1	**鹿児島の離島のおじゃま虫**
	ISBN978-4-89290-030-3　56 頁　定価 700+ 税　(2015.03)
	長嶋俊介　著
No. 2	**九州広域列島論**～ネシアの主人公とタイムカプセルの輝き～
	ISBN978-4-89290-031-0　88 頁　定価 900+ 税　(2015.03)
	小林哲夫　著
No. 3	**鹿児島の離島の火山**
	ISBN978-4-89290-035-8　66 頁　定価 700+ 税　(2016.03)
	鈴木英治ほか　編
No. 4	**生物多様性と保全**―奄美群島を例に―（上）
	ISBN978-4-89290-037-2　74 頁　定価 800+ 税　(2016.03)
	鈴木英治ほか　編
No. 5	**生物多様性と保全**―奄美群島を例に―（下）
	ISBN978-4-89290-038-9　76 頁　定価 800+ 税　(2016.03)
	佐藤宏之　著
No. 6	**自然災害と共に生きる**―近世種子島の気候変動と地域社会
	ISBN978-4-89290-042-6　92 頁　定価 900+ 税　(2017.03)
	森脇　広　著
No. 7	**鹿児島の地形を読む**―島々の海岸段丘
	ISBN978-4-89290-043-3　70 頁　定価 800+ 税　(2017.03)
	渡辺芳郎　著
No. 8	**近世トカラの物資流通**―陶磁器考古学からのアプローチ―
	ISBN978-4-89290-045-7　82 頁　定価 800+ 税　(2018.03)
	冨永茂人　著
No. 9	**鹿児島の果樹園芸**―南北六〇〇キロメートルの多様な気象条件下で―
	ISBN978-4-89290-046-4　74 頁　定価 700+ 税　(2018.03)
	山本宗立　著
No. 10	**唐辛子に旅して**
	ISBN978-4-89290-048-8　48 頁　定価 700+ 税　(2019.03)
	冨山清升　著
No. 11	**国外外来種の動物としてのアフリカマイマイ**
	ISBN978-4-89290-049-5　94 頁　定価 900+ 税　(2019.03)

鈴木廣志　著

No. 12　**エビ・ヤドカリ・カニから鹿児島を見る**

ISBN978-4-89290-051-8　90 頁　定価 900+ 税　(2020.03)

梁川英俊　著

No. 13　**奄美島唄入門**

ISBN978-4-89290-052-5　88 頁　定価 900+ 税　(2020.03)

桑原季雄　著

No. 14　**奄美の文化人類学**

ISBN978-4-89290-056-3　80 頁　定価 800+ 税　(2021.03)

山本宗立・高宮広土　編

No. 15　**魅惑の島々、奄美群島**―歴史・文化編―

ISBN978-4-89290-057-0　60 頁　定価 700+ 税　(2021.03)

山本宗立・高宮広土　編

No. 16　**魅惑の島々、奄美群島**―農業・水産業編―

ISBN978-4-89290-058-7　68 頁　定価 700+ 税　(2021.03)

山本宗立・高宮広土　編

No. 17　**魅惑の島々、奄美群島**―社会経済・教育編―

ISBN978-4-89290-061-7　76 頁　定価 800+ 税　(2021.10)

山本宗立・高宮広土　編

No. 18　**魅惑の島々、奄美群島**―自然編―

ISBN978-4-89290-062-4　98 頁　定価 900+ 税　(2021.10)

津田勝男　著

No. 19　**島ミカンを救え**―喜界島ゴマダラカミキリ撲滅大作戦―

ISBN978-4-89290-064-8　52 頁　定価 700+ 税　(2022.03)

佐藤正典　著

No. 20　**琉球列島の河川に生息するゴカイ類**

ISBN978-4-89290-065-5　86 頁　定価 900+ 税　(2022.03)

〔著者〕

礼満　ハフィーズ（REHMAN　Hafiz u.）

［略　　歴］

1972年パキスタン生まれ。
鹿児島大学大学院理工学研究科生命物質システム博士後期課程修了（理学）。
2020年より鹿児島大学学術研究院理工学域理学系准教授。専門は地球科学。

［主要著書・論文］

Rehman et al. 2023. Crystallographic preferred orientations and microtexture of the Himalayan eclogites revealing records of syn-deformation peak metamorphic stage and subsequent exhumation. Journal of Structural Geology 167, 104792,

Rehman et al. 2022. Oxygen isotope data of quartz from San-yo and Ryoke belt granites, schists, and siliceous veins: constraining the effects of 18O-rich fluids on granitic magma.
Episodes 45, 147-159.

Rehman et al. 2021. 鹿児島県薩摩川内市甑島列島に分布する 花崗岩類の特徴及び形成年代.
鹿児島県地学会誌 117, 1-7.

鹿児島大学島嶼研ブックレット　No.21

鹿児島県薩摩川内甑列島の自然と地質学的魅力

2023年03月20日 第1版第1刷発行

発行者　鹿児島大学国際島嶼教育研究センター
発行所　北斗書房
〒132-0024　東京都江戸川区一之江8の3の2（MMビル）
電話 03-3674-5241　FAX03-3674-5244
URL　http//www.gyokyo.co.jp

定価は表紙に表示してあります

ISBN978-4-89290-064-8 C0039